DINOS DO BRASIL

Luiz E. Anelli

Ilustrações
Felipe Alves Elias

Copyright©2011 do texto Luiz E. Anelli
Copyright©2011 das ilustrações Felipe Alves Elias

Editora
Renata Farhat Borges

Editora assistente
Lilian Scutti

Produção editorial e gráfica
Carla Arbex

Assistente editorial
Juliana Almeida

Projeto gráfico e capa
Iago Sartini

Revisão
Mineo Takatama

Editado conforme o Acordo Ortográfico da Língua Portuguesa de 2009.

Dados Internacionais de Catalogação na Publicação (CIP) de acordo com ISBD

A578d
Anelli, Luiz E.
  Dinos do Brasil / Luiz E. Anelli ; ilustrado por Felipe Alves Elias. - 2. ed. - São Paulo : Peirópolis, 2018.
      80 p. : il. ; 20,5cm x 28cm.

  ISBN: 978-85-7596-556-6

  1. Literatura infantil. 2. Dinossauros. 3. Dinossauros brasileiros. 4. Paleontologia. I. Elias, Felipe Alves. II. Título.

2017-834
                              CDD 028.5
                              CDU 82-93

Elaborado por Vagner Rodolfo da Silva - CRB-8/9410

Editora Peirópolis Ltda.
Rua Girassol, 310F – Vila Madalena
05433-000 – São Paulo – SP
tel.: (11) 3816-0699
vendas@editorapeiropolis.com.br
www.editorapeiropolis.com.br

SUMÁRIO

Introdução 7

OS DINOS GAÚCHOS 15
Stauricossauro 16
Guaibassauro 18
Saturnalia 20
Unaissauro 22
Sacissauro 24

OS DINOS DO CARIRI 29
Angaturama 30
Irritator 32
Mirisquia 34
Santanarraptor 36

OS DINOS DA AMAZÔNIA 39
Amazonsauro 40
Raiosossauro 42
Oxalaia 44

O DINO DO MATO GROSSO 47
Picnonemossauro 48

OS DINOS MINEIROS 51
Manirraptora 52
Baurutitan 54
Aeolossauro 56
Trigonossauro 58
Maxacalissauro 60
Tapuiassauro 62
Uberabatitan 64

OS DINOS PAULISTAS 67
Antarctossauro 68
Gonduanatitan 70
Adamantissauro 72

Sobre os autores 78

OS DINOSSAUROS EXISTIRAM, MESMO! NO MUNDO INTEIRO.

Eles já vivem há tanto tempo que é impossível contar os anos:

228 MILHÕES!

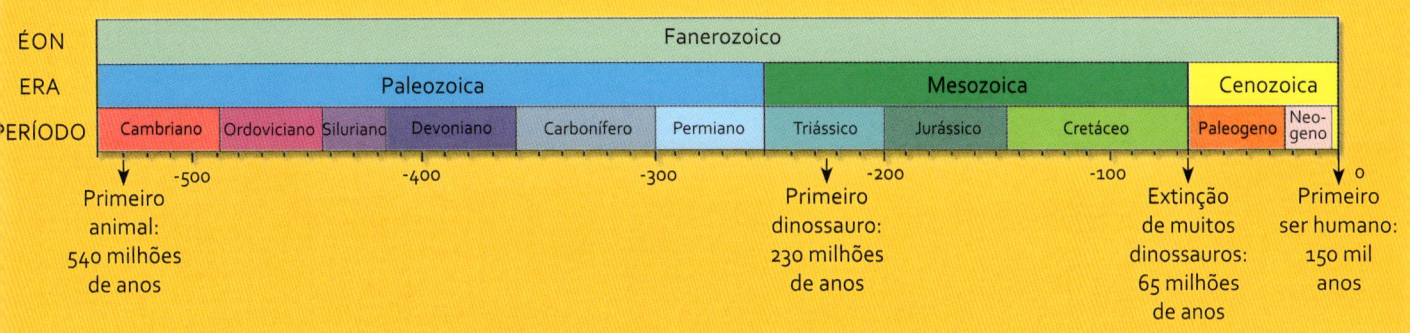

ÉON	Fanerozoico										
ERA	Paleozoica						Mesozoica			Cenozoica	
PERÍODO	Cambriano	Ordoviciano	Siluriano	Devoniano	Carbonífero	Permiano	Triássico	Jurássico	Cretáceo	Paleogeno	Neogeno

Primeiro animal: 540 milhões de anos

Primeiro dinossauro: 230 milhões de anos

Extinção de muitos dinossauros: 65 milhões de anos

Primeiro ser humano: 150 mil anos

Isso foi muito antes do tempo dos nossos avós, da arca de Noé, do primeiro ser humano que existiu e das eras do gelo, quando o mundo era muito diferente do que é hoje.

Algumas pessoas pensam que os dinossauros desapareceram quando um asteroide se chocou com a Terra, mas isso não é verdade – ainda existem muitos deles vivos por aí.

Quando os primeiros dinossauros nasceram, o Brasil ou a América do Sul não existiam. Havia apenas um imenso continente cercado por um oceano colossal, o PANTALASSA.

Esse supercontinente chamava-se PANGEA e tinha a forma de uma enorme letra C. Mas isso foi há muito, muito tempo.

SE VIVÊSSEMOS NAQUELA ÉPOCA, PODERÍAMOS VIAJAR DE CARRO PELO MUNDO TODO SEM TER QUE PEGAR UM NAVIO.

PANTALASSA

LAURÁSIA
Europa
Ásia
América do Norte
China
PANGEA
TÉTIS
África
Irã
Malásia
América do Sul
Índia
Austrália
GONDWANA
Antártica

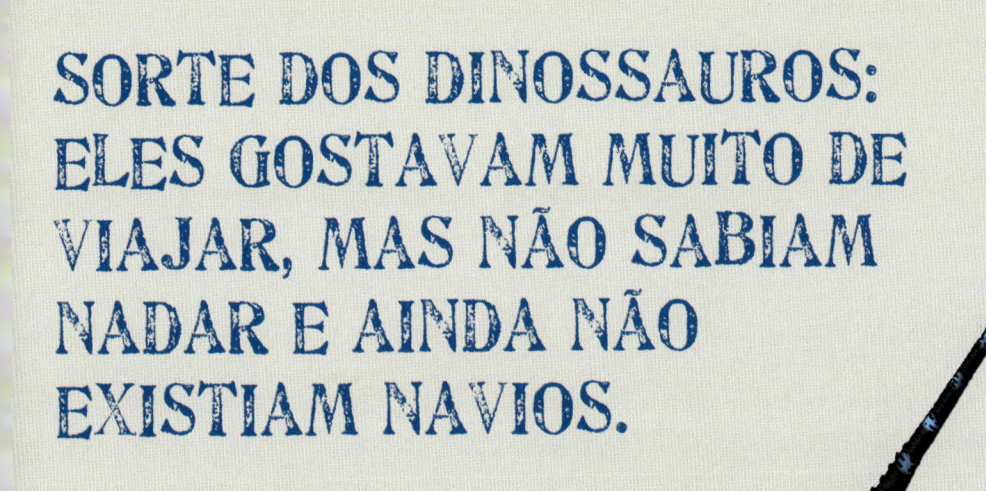

SORTE DOS DINOSSAUROS: ELES GOSTAVAM MUITO DE VIAJAR, MAS NÃO SABIAM NADAR E AINDA NÃO EXISTIAM NAVIOS.

Nesse mundão sem fronteiras, eles se espalharam por todos os cantos, pois tiveram coragem para seguir em frente.

11

Os primeiros dinossauros viveram onde hoje ficam o Brasil e a Argentina. Alguns esqueletos foram encontrados na região que atualmente corresponde ao Rio Grande do Sul.

Os cientistas gaúchos sabem disso porque encontraram muitos esqueletos nas rochas que se formaram naquela época. Esse Estado é um verdadeiro cemitério de animais pré-históricos. Esses ossos, petrificados, são chamados de fósseis de dinossauros.

STAURICOSSAURO

O Stauricossauro foi o primeiro dinossauro descoberto no Brasil, mas a cabeça e os pés dele nunca foram encontrados.

O QUE SERÁ QUE ACONTECEU?

Com a cabeça a gente até entende, porque ela rola para lá e para cá depois que resta apenas o esqueleto do animal. Mas onde será que foram parar os pés e as mãos!?

DIFÍCIL RESPONDER

Os paleontólogos quase nunca conseguem encontrar todos os ossos do esqueleto dos dinossauros que descobrem. Por isso, para saber como eram e o tamanho que tinham, precisam estudar muitos e muitos ossos de outros dinossauros.

Significado do nome
Staurikosaurus significa "lagarto do Cruzeiro do Sul".

Onde foi encontrado
Em um afloramento de rochas de uma fazenda a alguns quilômetros da cidade de Santa Maria, no Rio Grande do Sul.

Quando
Em 1936.

Idade
Período Triássico, 225 milhões de anos.

Comprimento
2 metros.

GUAIBASSAURO

O Guaibassauro tem esse nome por causa do rio Guaíba, que também fica no Rio Grande do Sul.

DELE TAMBÉM NÃO ENCONTRARAM A CABEÇA NEM OS BRAÇOS. MAS ACHARAM UM OSSO DO PÉ, O QUE É MELHOR QUE NADA.

Muitas vezes, depois que um animal morre, aquele pedacinho de carne que fica grudado no esqueleto atrai criaturinhas repugnantes comedoras de carniça, que podem se servir de um pedaço e levar para um local mais reservado, onde possam devorá-lo sem precisar dividir com outros animais.

Talvez isso tenha acontecido com as partes que faltam no esqueleto de alguns dinossauros. Como veremos, os paleontólogos conseguem descobrir quando esse deslocamento aconteceu.

Significado do nome
Guaibasaurus significa "lagarto do Guaíba".

Onde foi encontrado
Em rochas aflorantes 7 quilômetros a oeste da cidade de Candelária, no Rio Grande do Sul.

Quando
O primeiro exemplar foi encontrado na década de 1990; o segundo, em 2002.

Idade
Período Triássico, 225 milhões de anos.

Comprimento
2 metros.

SATURNALIA

O Saturnalia recebeu esse nome porque foi descoberto na época do Carnaval.

Saturnálias eram as festas romanas, parecidas com o nosso Carnaval, em homenagem ao deus Saturno, quando as pessoas faziam muita bagunça. Durante aqueles dias, enquanto a maioria das pessoas pulava e dançava, os paleontólogos se empenhavam em retirar os ossos desse dinossauro das rochas.

O TRABALHO DO PALEONTÓLOGO É DURO.

Esse esqueleto também foi encontrado sem cauda e sem cabeça. A cabeça é a parte mais difícil de achar, pois ela é pesada e sua ligação com o corpo, muito frágil. Quase sempre é a primeira parte a se separar do esqueleto. Já o desaparecimento da cauda é difícil de explicar.

O QUE VOCÊ ACHA QUE PODE TER ACONTECIDO COM ELA?

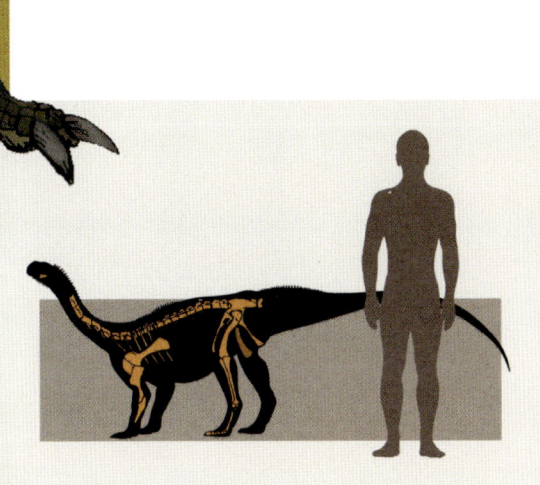

Significado do nome
Saturnalia equivale, em latim, a "carnaval", pois foi no período dessa festa que o esqueleto foi descoberto.

Onde foi encontrado
Rochas aflorantes de uma propriedade particular, nos arredores da cidade de Santa Maria, no Rio Grande do Sul.

Quando
Os três esqueletos parciais, em 1998, pela equipe de paleontólogos do Museu de Ciências e Tecnologia da Pontifícia Universidade Católica do Rio Grande do Sul.

Idade
Período Triássico, 225 milhões de anos.

Comprimento
2 metros.

UNAISSAURO

O sr. Tolentino encontrou o esqueleto desse dinossauro quando caminhava por uma estrada de terra da região do Rio Grande do Sul chamada Água Negra, "tradução" da palavra tupi-guarani *unay*, que é como os índios denominavam o local. Por isso, os paleontólogos chamaram esse dinossauro de *Unaysaurus tolentinoi*, em homenagem ao lugar onde foi encontrado e ao seu descobridor.

Muitos dinossauros brasileiros têm nome de pessoas, o que é bem estranho: bicho com nome de gente, ainda mais um dinossauro! E também de cidades, o que é estranho do mesmo modo, pois quando os dinossauros viveram não existiam nem homens, nem cidades!

FALANDO NISSO, O QUE VEIO PRIMEIRO: O HOMEM OU A CIDADE?

Diferentemente do que aconteceu com outros dinossauros brasileiros, do Unaissauro encontraram a cabeça e quase todos os ossos das patas. Só faltaram os ossos do bumbum, que formam a cintura.

É esquisito como, no Brasil, quando encontram os ossos da cintura, não acham a cabeça, e quando acham os ossos da cabeça, não encontram os da cintura. Vai entender!

Significado do nome
Unay, palavra indígena que significa "água negra", em referência à região onde foi encontrado; *tolentinoi*, homenagem à pessoa que o encontrou: Tolentino Flores Marafiga.

Onde foi encontrado
O único esqueleto foi encontrado em Água Negra, região próxima à cidade de São Martinho da Serra, no Rio Grande do Sul.

Quando
Em 1998.

Idade
Período Triássico, 225 milhões de anos.

Comprimento
2,5 metros.

SACISSAURO

Para mim, o fóssil de dinossauro mais esquisito do Brasil é o do Sacissauro. Só encontraram ossos de pernas direitas. E não foram dois ou três, mas doze... E nenhum de pernas esquerdas!

É muito difícil entender como isso aconteceu. Onde foram parar as pernas esquerdas?

SERÁ QUE ELE ERA MESMO UM DINOSSAURO-SACI?

Talvez pudéssemos resolver esse mistério se descobríssemos o que aconteceu com a outra perna do saci-pererê, mas acho que ninguém sabe... E vai saber se ele tinha mesmo a outra perna! Falando nisso, você sabe se é a perna direita ou esquerda que falta ao saci?

Mas esse Sacissauro é tão diferente que existe cientista que acredita que ele não era dinossauro, mas um ancestral deles. Apesar do nome, não se sabe se era mesmo um dinossauro-saci...
Eu acho que não!

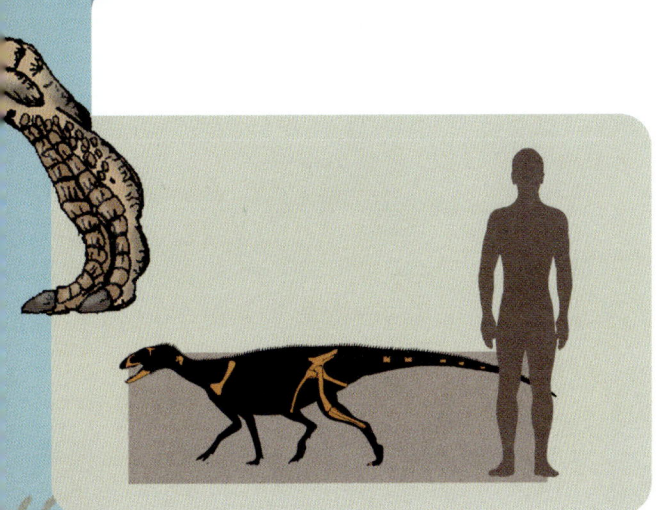

Significado do nome
Sacisaurus significa "lagarto saci", pois foram encontrados apenas ossos de doze patas traseiras direitas.

Onde foi encontrado
Zona urbana da cidade de Agudo, no Rio Grande do Sul.

Quando
Em 2001, pela equipe da Fundação Zoobotânica do Rio Grande do Sul.

Idade
Período Triássico, 220 milhões de anos.

Comprimento
1,5 metro.

E O MUNDO MUDOU.

O Pangea se despedaçou e deu origem a muitos continentes. Um deles é a atual América do Sul. **OLHA ELA LÁ, BEM PERTO DA ÁFRICA.**

NESSA ÉPOCA, OS DINOSSAUROS ERAM OS ANIMAIS DE QUATRO PATAS MAIS COMUNS EM TERRA FIRME.

Em todo lugar havia dinossauros. Na Chapada do Araripe, que fica no Ceará, um lugar atualmente muito seco, existiu no passado um imenso lago, com muitas plantas à sua volta. A lama que se acumulava no fundo do lago se transformou em rocha, onde foram encontrados ossos de dinossauros, o que significa que eles também viveram por lá.

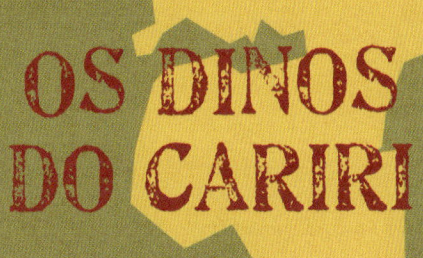

ANGATURAMA

O Angaturama foi um dinossauro muito grande que gostava de comer peixe. Ele viveu no lugar certo, pois nas rochas do Ceará existem milhões de peixes fossilizados, o que quer dizer que também viviam por lá. Mas desse dinossauro só foi encontrado o osso da ponta do focinho, sem nenhum dente.

Não é incrível que os paleontólogos consigam descobrir o que esses bichos comiam somente com um pequeno fragmento? Eles sabem disso porque essa parte do Angaturama é igual àquela dos esqueletos de outros dinossauros que comiam peixes. SIMPLES ASSIM!

Mas como foi que o osso do focinho se partiu e foi parar no fundo de um lago? Esse é um mistério que os paleontólogos ainda tentam desvendar.

Significado do nome
Angaturama significa, na língua tupi, "nobre".

Onde foi encontrado
Chapada do Araripe, Ceará.

Quando
Seu esqueleto foi descrito em 1996, mas pode ter sido encontrado décadas antes por trabalhadores que retiravam lajes das pedreiras para calçamento de passeios e piscinas.

Idade
Período Cretáceo, 110 milhões de anos.

Comprimento
8 metros.

IRRITATOR

Esse dinossauro tem um dos meus nomes prediletos – Irritator. Dele só foi encontrada a cabeça, o que significa que não há nem sinal dos ossos da cintura. Os cientistas que o estudaram ficaram muito irritados, pois as pessoas que o descobriram mudaram a forma dos ossos para que o fóssil ficasse mais bonito.

PORÉM, MUDAR O FORMATO DE UM OSSO É UMA DAS COISAS QUE MAIS IRRITAM UM PALEONTÓLOGO.

Daí o nome Irritator. Mas não foi o dino que irritou os cientistas. Quem os deixou enfurecidos foram as pessoas que maquiaram os ossos. Esse Irritator também se alimentava de peixes. Já chegaram a pensar que o focinho do Angaturama fosse a parte que falta ao bico do Irritator.

OBSERVE AS FIGURAS DO ESQUELETO DELES E VEJA SE ENCAIXAM.

Significado do nome
É *Irritator* por causa da irritação dos paleontólogos ao terem encontrado o fóssil alterado.
Onde foi encontrado
Chapada do Araripe, Ceará.
Quando
O fóssil foi descrito em 1996 e reestudado em 2002. Mas a data de sua descoberta, feita provavelmente por trabalhadores da pedreira, é desconhecida.
Idade
Período Cretáceo, 110 milhões de anos.
Comprimento
8 metros.

MIRISQUIA

No Cariri, Ceará, mais especificamente na Chapada do Araripe, só encontraram os ossos da cintura do Mirisquia, ou seja, nada de ossos da cabeça. Seus ossos são iguais aos daqueles dinossauros que tinham o corpo coberto de penas. Por isso, os paleontólogos podem afirmar que o Mirisquia também tinha penas – eles não têm certeza, mas ninguém precisa sair por aí dizendo isso. Os paleontólogos fazem o que podem.

Os primeiros animais emplumados foram os dinossauros, mas no começo eles não voavam porque suas penas não serviam para isso. Elas tinham a função de ajudar a manter o corpo aquecido, como se fosse um casaco, e também deixá-lo mais bonito para chamar a atenção das fêmeas mais fortes e sadias.

SÓ MAIS TARDE APARECERAM DINOSSAUROS QUE USAVAM AS PENAS PARA VOAR.

Desses dinossauros é que nasceram as aves que conhecemos. Nem todos os dinossauros tinham penas, mas os que tinham devem ter sido muito coloridos.

Significado do nome
Mirischia, do latim *mir* (maravilhosa) e do grego *ischia* (pertencente à pélvis).

Onde foi encontrado
Região de Araripina, Chapada do Araripe, no Ceará.

Quando
Não existem informações sobre a data.

Idade
Período Cretáceo, 110 milhões de anos.

Comprimento
2 metros.

SANTANARRAPTOR

Este é o Santanarraptor. O mais curioso desse dinossauro é que, junto com os ossos dele, os paleontólogos encontraram pedaços da pele, dos músculos, e até algumas veias, tudo petrificado – quer dizer, fossilizado. Os cientistas até procuraram o DNA dele na rocha.

* DNA é a receita de um ser vivo. É impossível fazer um ser vivo sem DNA. Já pensou se pudéssemos ter um dinossauro da Era Mesozoica de estimação em casa?

Como vocês podem notar, ele também tinha penas. Se elas apareceram nos dinossauros e continuaram nas aves, então as aves também são dinossauros. E, se os dinossauros são répteis, as aves também são.

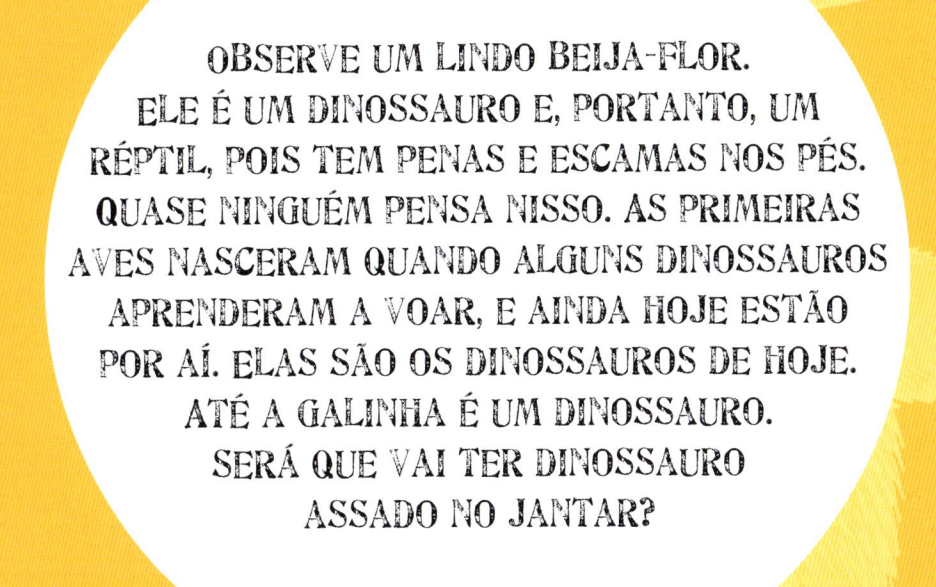

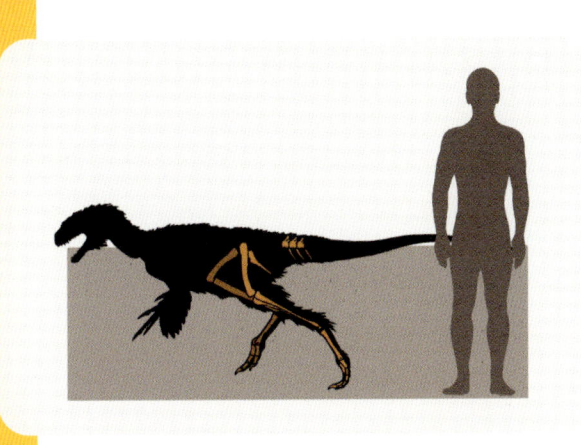

OBSERVE UM LINDO BEIJA-FLOR. ELE É UM DINOSSAURO E, PORTANTO, UM RÉPTIL, POIS TEM PENAS E ESCAMAS NOS PÉS. QUASE NINGUÉM PENSA NISSO. AS PRIMEIRAS AVES NASCERAM QUANDO ALGUNS DINOSSAUROS APRENDERAM A VOAR, E AINDA HOJE ESTÃO POR AÍ. ELAS SÃO OS DINOSSAUROS DE HOJE. ATÉ A GALINHA É UM DINOSSAURO. SERÁ QUE VAI TER DINOSSAURO ASSADO NO JANTAR?

Significado do nome
Santanarraptor, em referência às rochas de formação Santana, onde seu esqueleto foi descoberto.

Onde foi encontrado
Santana do Cariri, Chapada do Araripe, no Ceará.

Quando
Em 1991.

Idade
Período Cretáceo, 110 milhões de anos.

Comprimento
1 metro, podendo alcançar 2,5 metros.

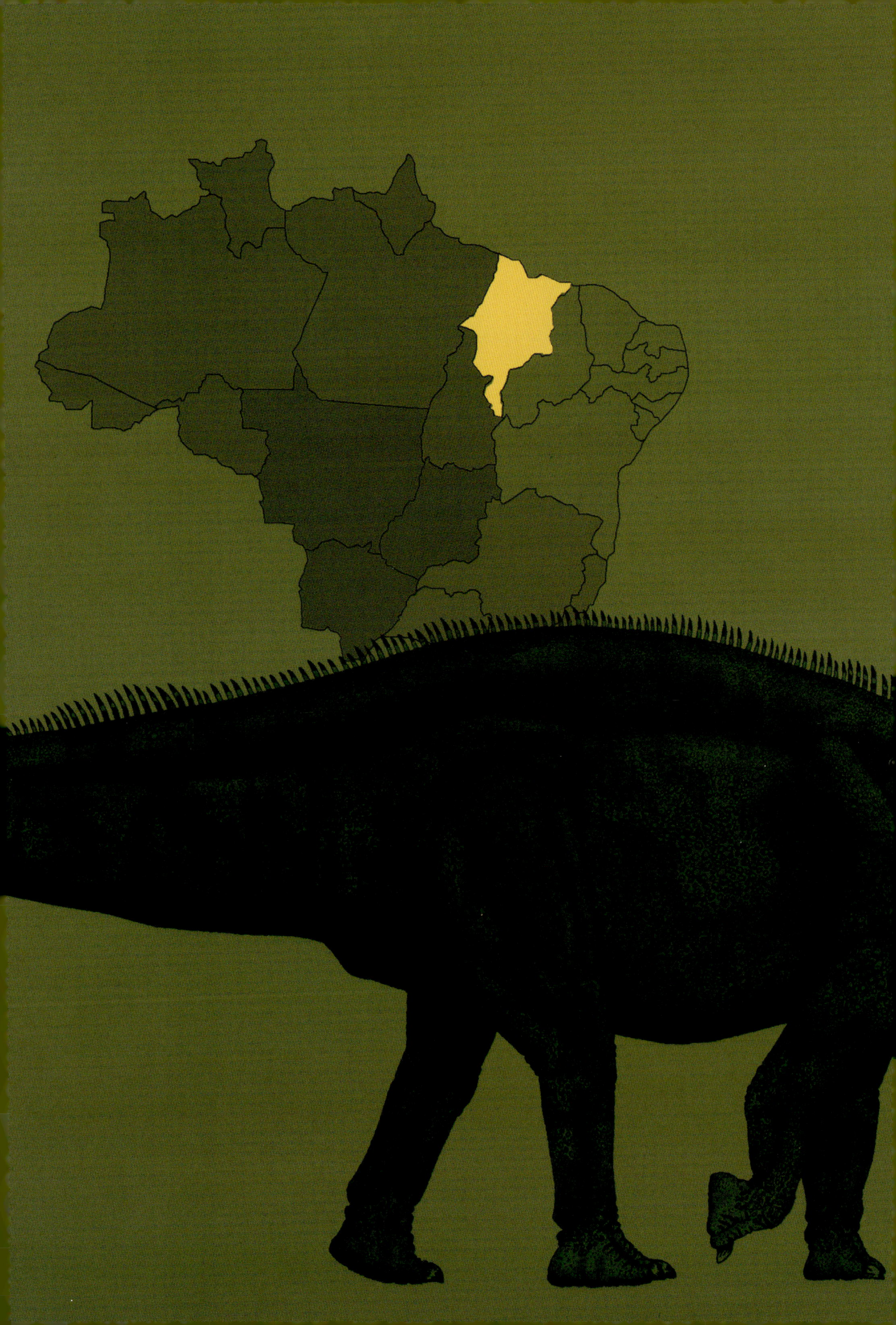

OS DINOS DA AMAZÔNIA

AMAZONSAURO

Os ossos fossilizados do Amazonsauro foram descobertos em rochas expostas na margem do rio Itapicuru, no Estado do Maranhão. Não encontraram quase nada de seu esqueleto, pois as enchentes desse rio retiram os fósseis da rocha e os levam embora.

As poucas partes encontradas mostram que já no passado os ossos desse dino haviam sido despedaçados e desgastados por outro rio pré-histórico que corria naquela região. Esse rio antigo levou o dinossauro morto por um longo caminho, até bem perto do mar, onde ele se fossilizou.

Agora, essa rocha impregnada de fósseis é cortada pelo rio Itapicuru, que também danifica os ossos durante as enchentes. A vida dos fósseis não é fácil. Felizmente, um paleontólogo teimoso os encontrou presos à rocha e achou que valia a pena tirá-los de lá.

O Amazonsauro foi o primeiro dinossauro encontrado em rochas da floresta amazônica.

Significado do nome
Amazonsauros maranhensis, em referência à região amazônica do Estado do Maranhão onde o fóssil foi achado.

Onde foi encontrado
Itapecuru Mirim, no Maranhão.

Quando
Em 1991, pelo paleontólogo Cândido Simões.

Idade
Período Cretáceo, 110 milhões de anos.

Comprimento
10 metros.

RAIOSSOSSAURO

Do Raiosossauro não sobrou quase nada, apenas algumas vértebras da cauda. Se fosse o fóssil de um homem, não teria sobrado nada, porque o homem é um macaco sem cauda. Além disso, não existiam seres humanos no tempo dos dinossauros.

São tão poucos os ossos, e tão danificados, que nem se tem certeza se esse esqueleto é mesmo do Raiosossauro.

No lugar onde ele viveu, o mar entrava pelo rio e destruía tudo o que havia pela frente, espalhando árvores, rochas... e esqueletos de dinossauros.

FOI UMA PENA, PORQUE ESSA REGIÃO ONDE HOJE FICA O ESTADO DO MARANHÃO, ATÉ ONDE OS PALEONTÓLOGOS SABEM, FOI O LUGAR EM QUE VIVERAM MAIS DINOSSAUROS NO BRASIL.

Naquela época, fazia pouco tempo que a África havia se separado da América do Sul, e por isso esses dinossauros eram ainda muito parecidos com os dinos africanos, pois todos viviam juntos antes da separação desses dois continentes.

Significado do nome
Rayososaurus, em referência à formação geológica onde esse animal foi originalmente encontrado, a formação Rayoso, na Argentina.

Onde foi encontrado
Ilha do Cajual, no norte do Maranhão.

Quando
Informação desconhecida.

Idade
Período Cretáceo, 110 milhões de anos.

Comprimento
8 metros.

OXALAIA

A palavra "oxalá" quer dizer "tomara" ou "queira, Deus!", e a gente fala quando quer que determinada coisa aconteça, ou, então, que não aconteça. Acho que os paleontólogos disseram assim:

"Oxalá a gente descubra um dino bem grande".

E encontraram mesmo, lá na Laje do Coringa, na ilha do Cajual, que fica na baía de São Marcos, Maranhão. O *Oxalaia quilombensis* é o maior dinossauro carnívoro já encontrado no Brasil, que, para a sorte dos outros dinos, gostava mais de comer peixe do que qualquer outra coisa. Ele se parece muito com os dinos que viviam na África, que também eram bem chegados em peixe. Ele, ou os seus ancestra deve ter viajado de lá para cá quando os continentes americano e africano ainda estavam unidos.

Oxalá é também o nome dado no Brasil a uma divindade da mitologia africana que ajudou a criar o mundo e que, lá na África, é chamada de orixá. Assim, embora ele tivesse parentes na África, foi encontrado no Brasil e por isso resolveram chamá-lo de Oxalaia, e não Orixalaia. Esse dino foi o bicho mais assustador que já pisou nessas terras. Sorte que naquela época o Brasil ainda não tinha sido descoberto...

Significado do nome
Homenagem à divindade africana chamada Oxalá.
Onde foi encontrado
Ilha do Cajual, no Maranhão.
Quando
Em 2004, pelos paleontólogos do Museu Nacional do Rio de Janeiro.
Idade
Período Cretáceo, 98 milhões de anos.
Comprimento
14 metros.

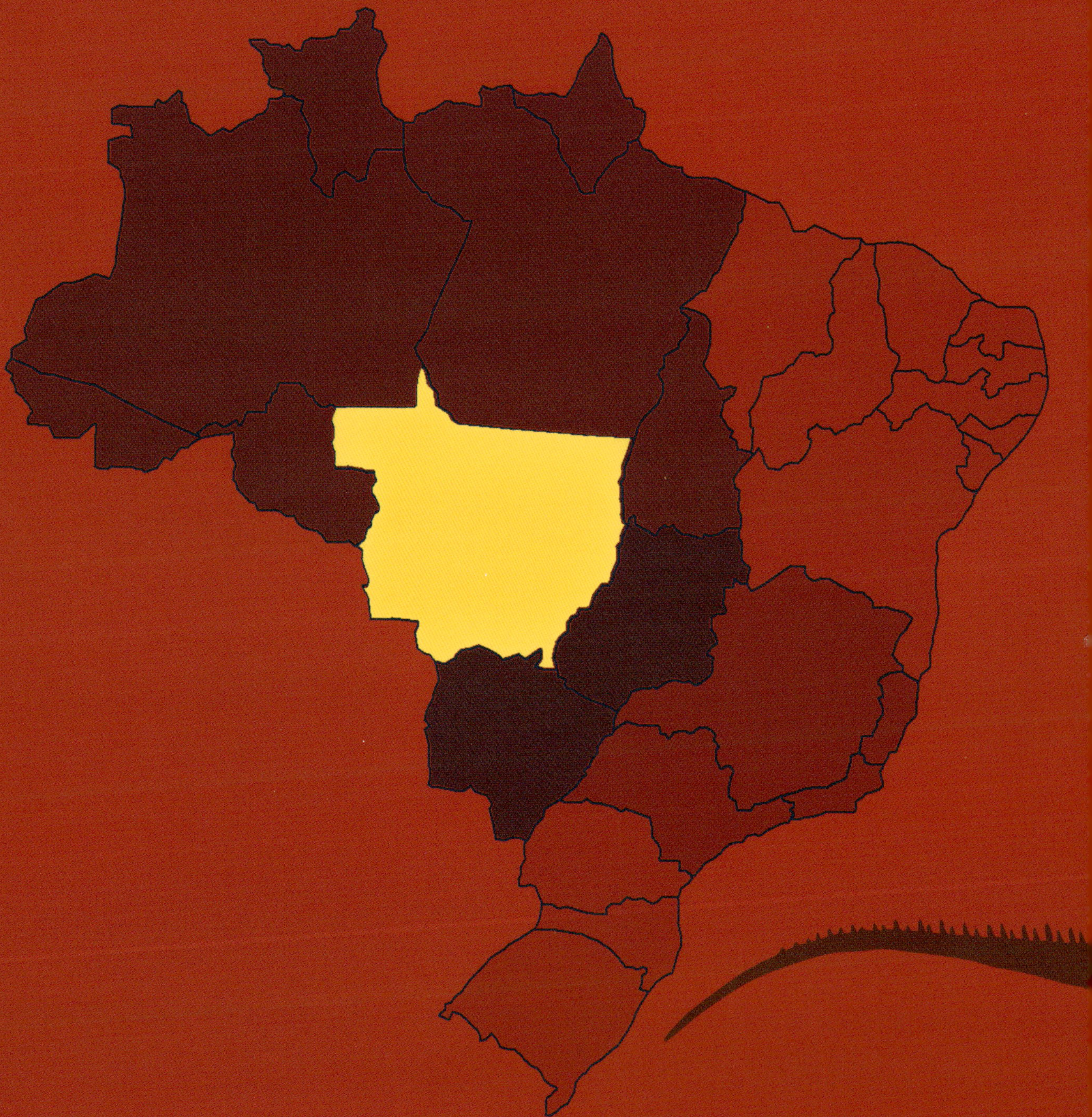

O DINO DO MATO GROSSO

PICNONEMOSSAURO

O Picnonemossauro é um dos dinossauros brasileiros que têm o nome mais difícil de pronunciar. Ele era lá do Mato Grosso e seu nome quer dizer... "mato grosso".

Para variar, sobraram uns poucos ossos desse dino, tão poucos que é até difícil falar sobre ele.

Uma curiosidade é que, depois que seu esqueleto foi descoberto por lavradores em uma fazenda, os ossos dele ficaram mais de cinquenta anos guardados nas prateleiras de um museu.

Quantas pessoas devem ter passado na frente daqueles ossos empoeirados sem saber que pertenceram a um dos maiores dinossauros carnívoros conhecidos do Brasil?!

Ele é um dino do tipo abelissaurídeo (calma, fique tranquilo... Não é uma abelha gigante e de caninos afiados!). É que a pessoa que descobriu esse tipo de dino se chamava Abel. Lembra que os paleontólogos gostam de dar nome de gente para os dinossauros?

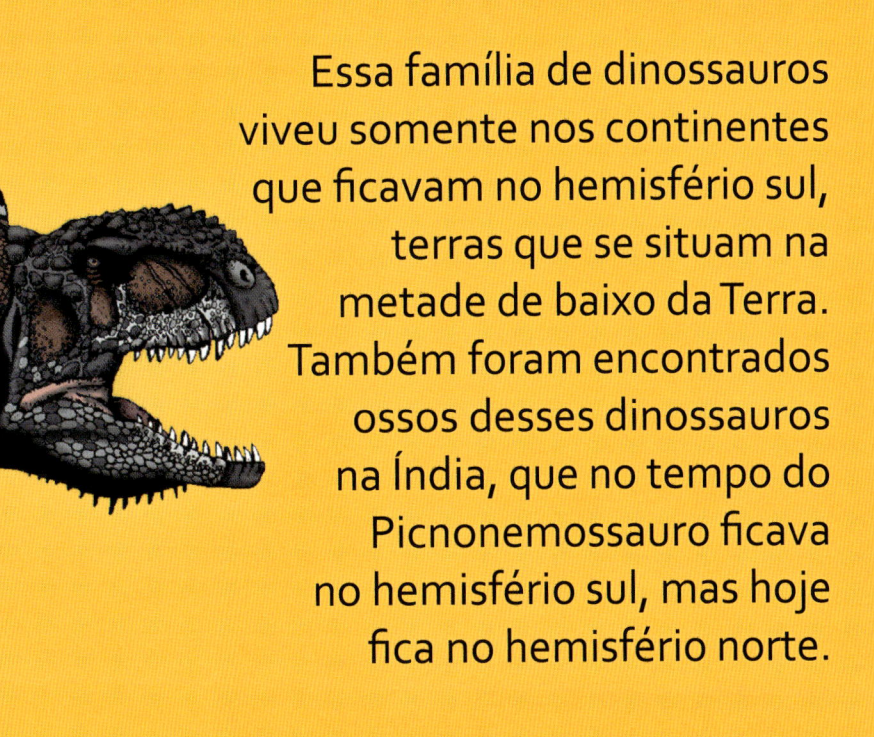

Essa família de dinossauros viveu somente nos continentes que ficavam no hemisfério sul, terras que se situam na metade de baixo da Terra. Também foram encontrados ossos desses dinossauros na Índia, que no tempo do Picnonemossauro ficava no hemisfério sul, mas hoje fica no hemisfério norte.

Significado do nome
Pycnonemosaurus, do grego *pycnós* ("denso") e *némos* ("mata"), em referência ao local de densa vegetação onde o esqueleto foi encontrado.
Onde foi encontrado
Fazenda Roncador.
Quando
Na década de 1950, por lavradores da fazenda.
Idade
Período Cretáceo Superior, entre 89 e 65 milhões de anos.
Comprimento
Entre 6 e 7 metros.

49

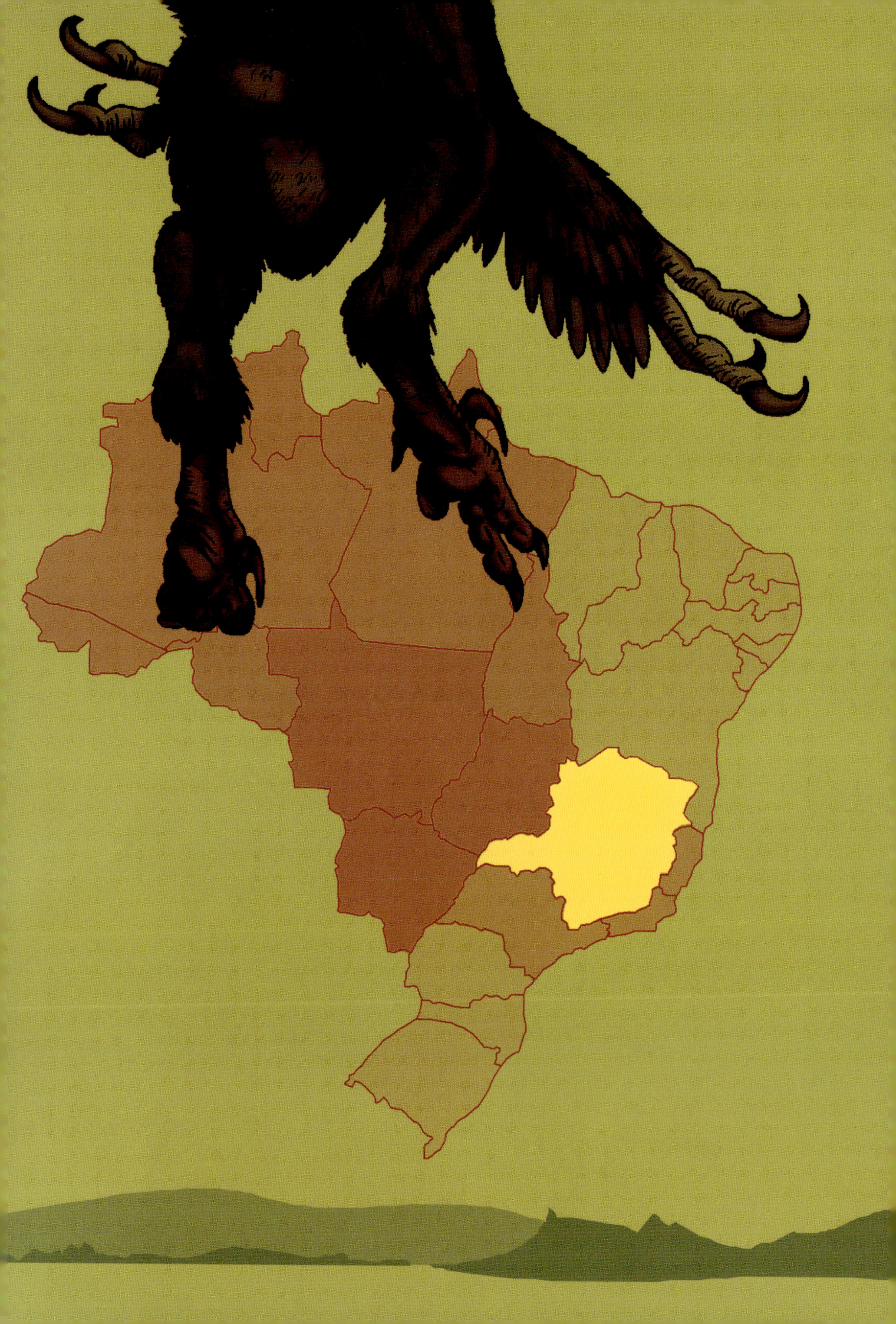

OS DINOS MINEIROS

MANIRRAPTORA

Embora tenham achado apenas as garras desse dinossauro, os paleontólogos podem nos dizer o tamanho e a aparência dele, e que também tinha penas!

É DIFÍCIL ACREDITAR.

Todo mundo se pergunta como isso pode acontecer, mas é fácil explicar e entender.

Pense nesta história: certo dia, um homem andava por um deserto onde existiam apenas areia e pedras. A certa altura, ele encontrou, ao lado de uma rocha, um relógio meio enterrado na areia. A primeira coisa que pensou foi que alguém tinha passado por ali, e não fazia muito tempo, pois o relógio ainda funcionava. Ele viu que não era relógio de atleta, ou de uma pessoa muito rica, nem de um adulto. O relógio era pequeno, tinha um desenho do Mickey, cujos braços marcavam as horas e os minutos. Só as crianças usam relógio do Mickey. Crianças também não vão sozinhas ao deserto, por isso deveria estar perdida quando deixou o relógio cair.

PERCEBEU QUANTA COISA DÁ PARA SABER SÓ POR CAUSA DE UM RELÓGIO?

Coisas que são e coisas que não são. É desse jeito que os paleontólogos pensam. Esse dinossauro é muito importante, mas ainda não tem nome.

Significado do nome
Este dinossauro não tem nome científico, pois só o grande grupo ao qual pertence é conhecido, o dos manirraptoriformes.

Onde foi encontrado
Distrito de Peirópolis, em Uberaba, pelos paleontólogos da Fundação Municipal de Ensino Superior de Uberaba – Centro de Pesquisas Paleontológicas L. I. Price.

Quando
Informação desconhecida.

Idade
Período Cretáceo Superior, 70 milhões de anos.

Comprimento
2 metros.

BAURUTITAN

O Baurutitan (ou melhor, a cauda do Baurutitan) foi encontrado em um sítio paleontológico do vilarejo de Peirópolis, em Minas Gerais, um lugar onde existem muitos fósseis de dinossauros e também um lindo museu de paleontologia.

Junto da cauda do Baurutitan havia muitos ossos de outros dinossauros, tantos que nem mesmo os paleontólogos conseguem dizer qual osso é de quem. Essa bagunça de ossos ocorreu porque os esqueletos deles foram parar em um mesmo lugar, uma ilha ou uma depressão, levados por um rio.

OS PALEONTÓLOGOS SÓ NÃO CONSEGUIRAM EXPLICAR AINDA POR QUE ESSES DINOSSAUROS MORRERAM.

Acho que esse mistério nunca será esclarecido, pois os dinossauros, provavelmente, não foram encontrados no lugar onde morreram. Quando isso acontece é ainda mais difícil descobrir a causa da morte.

Significado do nome
Baurutitan, em referência à bacia Bauru, e *titan*, por causa da família de gigantes da mitologia grega, considerando o tamanho desse dinossauro.

Onde foi encontrado
Distrito de Peirópolis, em Uberaba.

Quando
Em 1957.

Idade
Período Cretáceo, entre 70 e 65 milhões de anos.

Comprimento
9 metros.

AEOLOSSAURO

Passei por apuros antes de descobrir por que esse dinossauro tem este nome: Aeolossauro: o único dinossauro brasileiro encontrado também na Argentina.

Anos atrás, enquanto procurava dinossauros, precisei acampar em uma região selvagem, perto de um lugar onde o primeiro esqueleto do Aeolossauro foi encontrado, na Argentina.

Foi terrível!

O vento era tão forte, que as nossas barracas quase foram destruídas. Passei aquela noite toda em claro, esperando o vento passar, pensando que tudo seria levado. Só mais tarde soube que Aiolos é o nome que os gregos antigos davam ao deus dos ventos.

SEMPRE EXISTE UMA BOA HISTÓRIA POR TRÁS DO NOME DE UM DINOSSAURO.

Significado do nome
Aeolosaurus, de *Aiolos*, o deus dos ventos da mitologia grega, em referência aos ventos constantes que cortam a Patagônia argentina, local onde foram encontrados seus primeiros restos fósseis.

Onde foi encontrado
Distrito de Peirópolis, em Uberaba, e no oeste de São Paulo.

Quando
Informação desconhecida.

Idade
Período Cretáceo, entre 93 e 65 milhões de anos.

Comprimento
Cerca de 11 metros.

TRIGONOSSAURO

Os ossos do Trigonossauro foram achados ao lado dos do Baurutitan. Embora enorme, com um corpo duas ou três vezes maior que o de um elefante, a cabeça dele era menor que a de um cavalo.

Agora, pare e tente responder: como é que um "cavalo" podia comer e triturar plantas para alimentar um corpo tão enorme, quase do tamanho de três elefantes?

O segredo: esses animais engoliam pedras grandes, que ficavam no estômago ajudando a moer os vegetais. Isso porque os dentes deles não serviam para mastigar, somente para cortar.

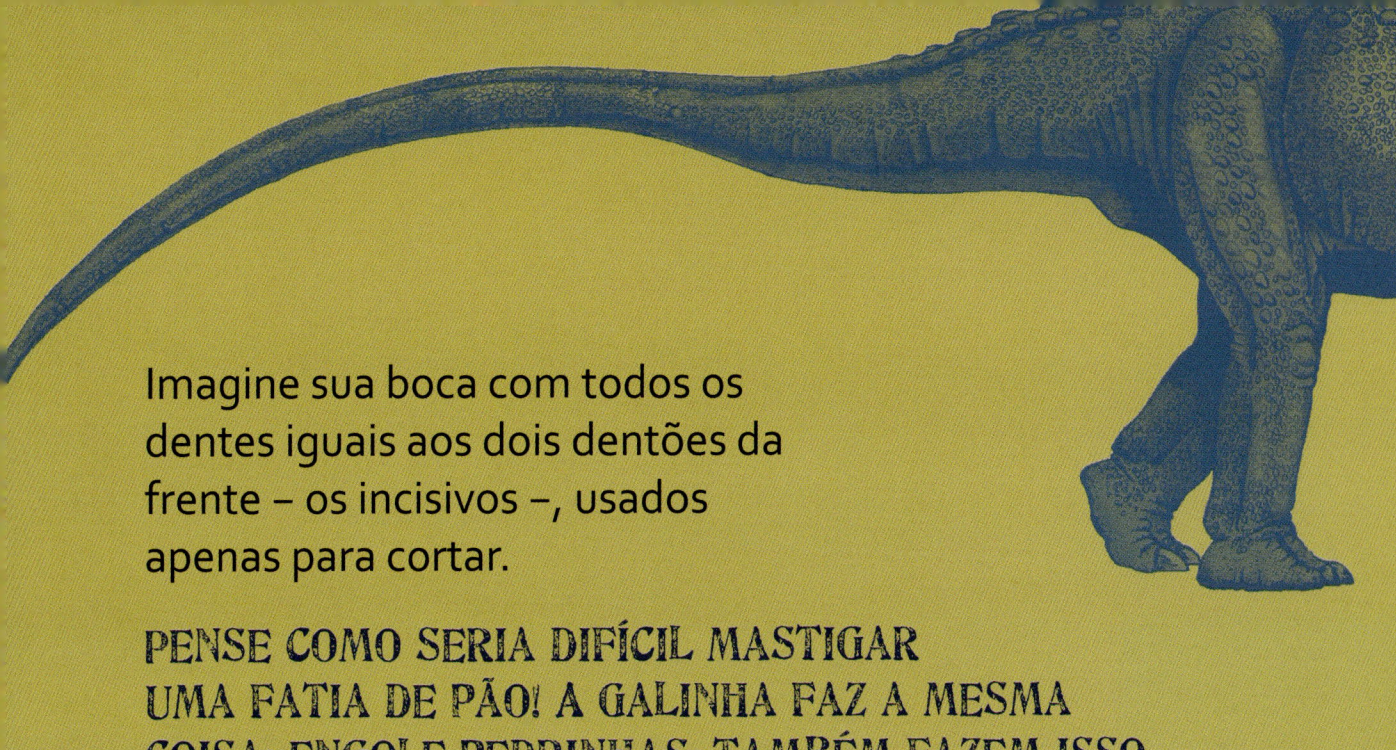

Imagine sua boca com todos os dentes iguais aos dois dentões da frente – os incisivos –, usados apenas para cortar.

PENSE COMO SERIA DIFÍCIL MASTIGAR UMA FATIA DE PÃO! A GALINHA FAZ A MESMA COISA: ENGOLE PEDRINHAS. TAMBÉM FAZEM ISSO OS CROCODILOS, E ATÉ ALGUMAS FOCAS.

Significado do nome
Trigono, do grego *trigónos* ("triângulo"), em referência à região do Triângulo Mineiro, em Minas Gerais, onde o fóssil foi descoberto.

Onde foi encontrado
Distrito de Peirópolis, em Uberaba.

Quando
Entre 1947 e 1949.

Idade
Período Cretáceo, entre 70 e 65 milhões de anos.

Comprimento
9,5 metros.

MAXACALISSAURO

Na minha opinião, o Maxacalissauro teve a morte mais triste de todos os dinossauros já encontrados no Brasil. Não quero dizer que foi triste lá na pré-história. Nós, humanos, sempre achamos a morte triste, mas lá na pré-história isso era bem normal. Mas preste atenção nessa história!

DESDE SEMPRE OS ANIMAIS COMERAM UNS AOS OUTROS, E NÃO FICAVAM TRISTES COM ISSO.

Como os ossos mostram, esse Max era um animal jovem, talvez de 8 ou 12 anos de idade. Brincalhão e cheio de energia, ele deve ter se distraído com algum cheiro diferente e se afastou da manada que o protegia.

Era fácil para um jovem dinossauro se perder naquela imensidão. Após dias vagando para lá e para cá, faminto e exausto, à procura dos pais, ele foi atacado por um bando de dinossauros carnívoros. Isso aconteceu mesmo, milhões de anos atrás!

Os paleontólogos sabem disso porque os ossos dele têm muitas marcas de dentadas, e ao lado do esqueleto foram encontrados muitos dentes de predadores que se quebraram enquanto o devoravam.

MAS A VIDA SEMPRE FOI UMA LUTA, E AINDA É, E SEMPRE SERÁ, PRINCIPALMENTE PARA OS ANIMAIS.

Significado do nome
Maxakali, língua falada por grupos indígenas que vivem em Minas Gerais.
Onde foi encontrado
Cidade de Prata.
Quando
Os ossos foram coletados entre 1998 e 2002, pelos paleontólogos do Museu Nacional do Rio de Janeiro.
Idade
Período Cretáceo, entre 100 e 65 milhões de anos.
Comprimento
13 metros.

TAPUIASSAURO

Ninguém conhecia bem a cabeça de um Titanossauro até a descoberta do Tapuiassauro. A cabeça dele está completa, com quase todos os ossos.

Ele foi achado em uma cidadezinha chamada Coração de Jesus. Bem, a gente já imagina que os ossos da cintura não foram encontrados, porque acharam a cabeça, e essas partes quase nunca estão juntas no Brasil.

MAS, QUANDO SE ENCONTRA A CABEÇA, QUEM SE IMPORTA COM A CINTURA?

O Tapuiassauro mostrou a cara, quer dizer, a cabeça, dos titanossauros para o mundo – essa é uma das mais importantes descobertas de dinossauros já ocorridas no Brasil.

PARABÉNS PARA OS PALEONTÓLOGOS QUE O ESTUDARAM, E TAMBÉM PARA O RAPAZ QUE O ENCONTROU LÁ NO SERTÃO DE MINAS GERAIS.

Significado do nome
Tapuias eram os índios que viviam no interior do Brasil.
Onde foi encontrado
Cidade de Coração de Jesus.
Quando
Em 2005, por José A. P. de Souza, o Zezinho.
Idade
Período Cretáceo, 110 milhões de anos.
Comprimento
13 metros.

UBERABATITAN

Os ossos do Uberabatitan foram encontrados na serra da Galga. Perto da cidade de Uberaba, é claro! Junto deles havia ossos de outros dinossauros.

Uma turma inteira deve ter morrido ali por perto. Que momento horrível deve ter sido. Parece que no Brasil os dinossauros sempre morriam de modo terrível: em enchentes, em avalanches ou mesmo devorados por outros animais.

MAS NÃO ERA ASSIM, NÃO!

O que acontece é que fenômenos como enchentes e avalanches causam a morte repentina de quem estiver por perto. Além disso, eles transportam muitos sedimentos, como lama e areia, e é isso que normalmente recobre para sempre o esqueleto dos animais. Sem morte, lama ou areia, nada de esqueletos de dinossauros!

Azar dos dinos, sorte dos paleontólogos!

Significado do nome
Uberabatitan, em referência à cidade de Uberaba, Minas Gerais, que fica perto do local onde encontraram o esqueleto.
Onde foi encontrado
Em rochas expostas, perto do sítio paleontológico da serra da Galga.
Quando
Informação desconhecida.
Idade
Período Cretáceo, entre 70 e 65 milhões de anos.
Comprimento
14 metros.

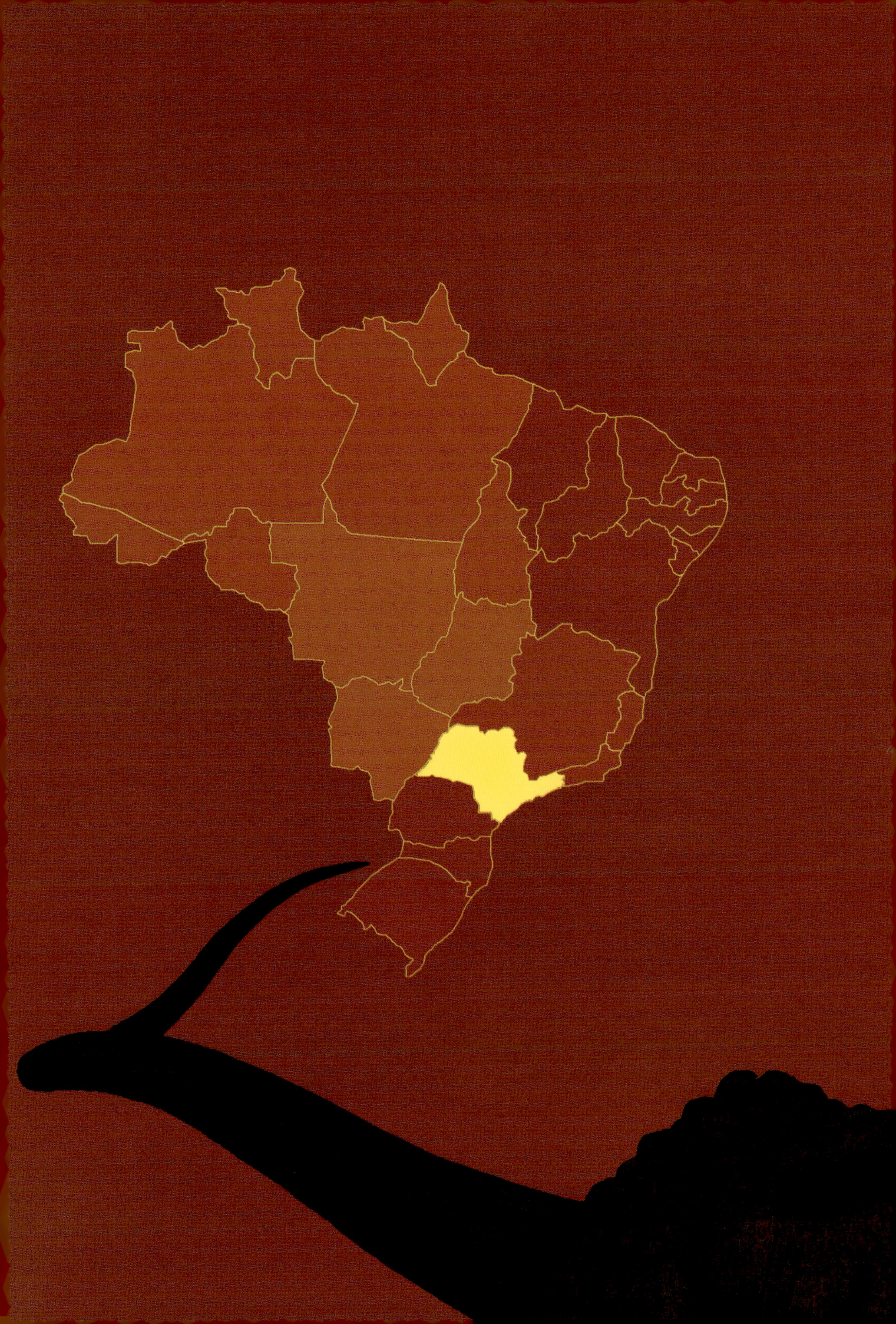

OS DINOS PAULISTAS

ANTARCTOSSAURO

O Antarctossauro
é um dos dinossauros
mais misteriosos do Brasil,
pois dos mais de duzentos ossos do
esqueleto dele apenas três pedaços
foram encontrados. É muito pouco.
Uma grande torrente de água deve
ter espalhado o esqueleto ou então
dinossauros carnívoros trituraram
e os levaram para longe...
Ou as duas coisas.

Estima-se que ele tinha apenas 12 metros de comprimento. Quem disse isso foi o paleoartista* que o desenhou, e, se o paleoartista falou, quem é que vai dizer que está errado? Doze metros é pouco em comparação aos seus primos gigantes que viviam na Argentina, e podiam alcançar incríveis 40 metros.

MAS FICA A PERGUNTA:

será que ele era um filhote que ficaria gigante como seus primos argentinos? Com apenas três ossos, quem é que vai poder dizer?

* Paleoartista é o artista que desenha animais e plantas que já não existem mais. Todos os dinossauros deste livro foram desenhados por um paleoartista. Eles são muito importantes. Não existem muitos por aí. São quase tão difíceis de encontrar quanto o fóssil de um dinossauro. Muita gente nunca achou um fóssil de dinossauro, muito menos um paleoartista.

Significado do nome
Antarctosaurus, do grego *anti* ("oposto"), *arkto* ("norte") e *saurus* ("lagarto"). Assim, seu significado deve ser "lagarto do sul".

Onde foi encontrado
Cidade de São José do Rio Preto.

Quando
Em 1971, pela equipe do paleontólogo Farid Arid, da Universidade Estadual Paulista, de São José do Rio Preto.

Idade
Período Cretáceo, entre 83 e 65 milhões de anos.

Comprimento
12 metros.

GONDUANATITAN

Eu acho o nome desse dinossauro o mais bonito dos dinos brasileiros: Gonduanatitan.

Pelo nome, parece ser muito grande. Mas não para um titanossauro, pois tinha apenas 15 metros. Alguns cientistas acham até que ele era um dinossauro anão, mas não era, não. Um titanossauro anão seria bem menor – teria só 7 ou 8 metros, a metade do tamanho desse Gonduanatitan.

O esqueleto dele é um dos mais completos já encontrados no Brasil, mas mesmo assim menos da metade dos ossos foram descobertos.

NÃO PARECE MUITA COISA, NÃO É? MAS PARA O PALEONTÓLOGO É.

Significado do nome
Gondwanatitan, de Gondwana, em referência ao supercontinente existente há milhões de anos.
Onde foi encontrado
Cidade de Álvares Machado.
Quando
Em 1983, pelo proprietário do Sítio Myzobuchi, Yoshitoshi Myzobuchi.
Idade
Período Cretáceo, entre 93 e 83 milhões de anos.
Comprimento
15 metros.

ADAMANTISSAURO

O Adamantissauro é mais um dinossauro conhecido apenas pela cauda. Os ossos dele estavam em exposição no pequeno museu de uma grande cidade e ninguém sabia que pertenciam a uma nova espécie de titanossauro.

Os titanossauros são os únicos dinos cujos esqueletos foram encontrados junto com cocô fóssil, e os paleontólogos acreditam que era o cocô deles mesmos, pois continha muitas plantas moídas, e os titanossauros só comiam plantas.

ESTRANHO ISSO! SERÁ QUE ELES FIZERAM COCÔ E MORRERAM? NINGUÉM MORRE DE FAZER COCÔ! VAI ENTENDER!

Talvez o cocô já estivesse lá quando eles morreram, pois naquela região deveria existir muito excremento espalhado. O interessante é que no cocô havia pedaços de plantas de muitas espécies diferentes, o que significa que eles comiam tudo o que viam pela frente, desde que fosse verde.

Significado do nome
Adamantisaurus, em referência à formação Adamantina, nome dado à unidade geológica em cujas rochas foram encontrados os fósseis.

Onde foi encontrado
Em rochas expostas em corte de estrada de ferro perto da cidade de Flórida Paulista.

Quando
Em 1958, por trabalhadores da estrada de ferro.

Idade
Período Cretáceo, 70 milhões de anos.

Comprimento
12 metros.

65 MILHÕES
DE ANOS ATRÁS
UM IMENSO ASTEROIDE

SE CHOCOU COM A TERRA
CAUSANDO UMA GRANDE DESTRUIÇÃO.

Os cientistas sabem disso porque existe poeira de asteroide em rochas daquela idade no mundo inteiro.

Ninguém sabe dizer ao certo de que tempo são as rochas que contêm os fósseis do Adamantissauro.

TALVEZ SEJAM DA MESMA ÉPOCA DO CHOQUE DO ASTEROIDE. PODE SER! NÃO QUER DIZER QUE SÃO.

Quando o paleontólogo não sabe as coisas, ele fala a verdade: diz que não sabe, ou que pode ser. Pode ser que o Adamantissauro tenha percebido o tremor dos terremotos desse dia, pois o impacto do asteroide foi tão forte que seus efeitos se espalharam por toda a Terra.

Aquele foi o dia mais terrível da longa história dos dinossauros, mas não podemos dizer que eles tiveram um final triste... Afinal de contas, as aves ainda estão por aí, colorindo e enfeitando o mundo inteiro!

77

LUIZ E. ANELLI

É professor e pesquisador do Instituto de Geociências da Universidade de São Paulo (USP), especialista em invertebrados fósseis paleozoicos e cenozoicos do Brasil e da Antártica e ciclista amador. Criador da Oficina de Réplicas da USP, dedica-se a produzir material didático na área de paleontologia. Foi responsável pela montagem dos primeiros esqueletos de dinossauro na cidade de São Paulo, bem como da primeira réplica de um esqueleto de Tiranossauro rex na América do Sul. Idealizou e organizou a exposição "Dinos na Oca", realizada em 2006 no Parque do Ibirapuera, em São Paulo e montou o único esqueleto completo de um *T. rex* em exposição permanente na América do Sul, na cidade de Santo André. É autor de diversos livros de divulgação científica da área de paleontologia.

FELIPE ALVES ELIAS

Felipe Alves Elias nasceu em 1980, em São Paulo (SP), e vive em Santos, litoral do Estado. Biólogo e mestre em Geologia Regional (ênfase em Paleontologia), é professor do programa de Ensino à Distância da Universidade Metropolitana de Santos.
Atua também como paleoartista, recriando a aparência de espécies fósseis desde 2004. Colaborou com a exposição "Dinos na Oca" (2006), desenvolveu projetos de divulgação científica junto a diversas editoras e seus trabalhos foram premiados em concursos internacionais de paleoarte.